essentials

Essentials liefern aktuelles Wissen in konzentrierter Form. Die Essenz dessen, worauf es als „State-of-the-Art" in der gegenwärtigen Fachdiskussion oder in der Praxis ankommt. Essentials informieren schnell, unkompliziert und verständlich

- als Einführung in ein aktuelles Thema aus Ihrem Fachgebiet
- als Einstieg in ein für Sie noch unbekanntes Themenfeld
- als Einblick, um zum Thema mitreden zu können.

Die Bücher in elektronischer und gedruckter Form bringen das Expertenwissen von Springer-Fachautoren kompakt zur Darstellung. Sie sind besonders für die Nutzung als eBook auf Tablet-PCs, eBook-Readern und Smartphones geeignet.

Essentials: Wissensbausteine aus Wirtschaft und Gesellschaft, Medizin, Psychologie und Gesundheitsberufen, Technik und Naturwissenschaften. Von renommierten Autoren der Verlagsmarken Springer Gabler, Springer VS, Springer Medizin, Springer Spektrum, Springer Vieweg und Springer Psychologie.

Hartmut Hering

Gewerblicher Rechtsschutz für Ingenieure

Hartmut Hering
München
Deutschland

ISSN 2197-6708
ISBN 978-3-658-06127-2
DOI 10.1007/978-3-658-06128-9

ISSN 2197-6716 (electronic)
ISBN 978-3-658-06128-9 (eBook)

Die Deutsche Nationalbibliothek verzeichnet diese Publikation in der Deutschen Nationalbibliografie; detaillierte bibliografische Daten sind im Internet über http://dnb.d-nb.de abrufbar.

Springer Vieweg

Gedruckt auf säurefreiem und chlorfrei gebleichtem Papier

Springer Vieweg ist eine Marke von Springer DE. Springer DE ist Teil der Fachverlagsgruppe Springer Science+Business Media
www.springer-vieweg.de

Was Sie in diesem Essential finden können

- Vorstellung der wesentlichen Schutzrechtsarten auf dem Gebiet des gewerblichen Rechtsschutzes
- Grundanforderungen bei den unterschiedlichen Schutzrechtsarten
- Grundzüge (teils schematisch und mit Ablaufdiagrammen) der Verfahren zur Schutzrechtserlangung
- Bedeutung und Wirkungen der Schutzrechte im Geschäftsverkehr
- Internationale Zusammenarbeitsvereinbarungen (EP,PCT)

Vorwort

Dieses Werk basiert auf dem „Handbuch Betriebswirtschaft für Ingenieure" von Ekbert Hering und Walter Draeger, 3. Auflage 2000. Dieses Werk hat sich einen hervorragenden Platz als Lehrbuch für Studierende, insbesondere der Ingenieurwissenschaften, und als Standard-Nachschlagewerk für Ingenieure in der Praxis geschaffen. Die Vorteile sind die *große Praxisnähe* (das Werk wurde von Praktikern für Praktiker geschrieben), die Präsentation der *ganzen Breite des Managementwissens,* die vielen Beispiele, welche die sofortige Umsetzung in den betrieblichen Alltag ermöglichen sowie die umfangreichen Grafiken, welche die Zusammenhänge veranschaulichen. Das Kapitel über den gewerblichen Rechtsschutz wurde aktualisiert und dabei berücksichtigt, dass das „Warenzeichen" durch die „Marke" ersetzt wurde. Die Verfahren zur Erteilung der Schutzrechte werden durch grafisch orientierte Ablaufpläne bzw. Flussdiagramme transparent und anschaulich beschrieben. Somit kann sich der Ingenieur für die Besprechungen mit den Patentanwälten sehr gut vorbereiten.

Inhaltsverzeichnis

1 Einleitung

Unter den Begriff *Gewerblicher Rechtsschutz* fallen alle gesetzlichen Bestimmungen, die sich mit *gewerblich verwertbaren, schöpferischen Leistungen* befassen. Gewerblich verwertbar oder anwendbar ist eine Leistung, wenn sie ihrer Art nach geeignet ist, entweder in einem technischen Gewerbebetrieb einschließlich der Land- und Forstwirtschaft hergestellt oder technisch genutzt zu werden. Auf eine solche *gewerblich verwertbare* Leistung kann der Schöpfer eine *zeitlich begrenzte* und durch hoheitlichen Akt verliehene *Monopolstellung* durch Erteilung eines *Schutzrechtes* erlangen, wenn gewisse schutzrechtsspezifische Erfordernisse erfüllt sind. Durch die Schutzrechtserteilung erwirbt der Schöpfer eine Sonderstellung gegenüber anderen Gewerbebetreibenden (Konkurrenten) und der Öffentlichkeit, so dass der Schöpfer seine von ihm geschaffene Leistung *umfassend* verwerten kann.

H. Hering, *Gewerblicher Rechtsschutz für Ingenieure*, essentials,
DOI 10.1007/978-3-658-06128-9_1,

2 Schutzgesetze

Eingebettet in die Rechtsgrundsätze des Bürgerlichen Gesetzbuches (BGB) umfasst der gewerbliche Rechtsschutz in Deutschland hauptsächlich die folgenden *Sonderschutzgesetze*:

- Patentgesetz (PatG),
- Gebrauchsmustergesetz (GbmG),
- Geschmacksmustergesetz (GeschmG),
- Markengesetz (MarkenG),
- Wettbewerbsrecht (UWG, GWB),
- Sortenschutzgesetz (SortSchG) und
- Arbeitnehmererfindergesetz (ArbEG).

Der Gegenstand des Schutzes ist ganz allgemein auf die *gewerbliche schöpferische Leistung* des Einzelnen gerichtet, die als *verwirklichtes Ergebnis* (Patent, Gebrauchsmuster, Geschmacksmuster) oder als *Kennzeichnung* (Marke) oder schon bei ihrer *Entwicklung* (Gesetz wider den unlauteren Wettbewerb) vor einer Nachahmung durch andere geschützt wird. Ausgenommen aus dem Gebiet des gewerblichen Rechtsschutzes ist das Urheberrecht, welches sich mit Schöpfungen auf kulturellem und nicht-gewerblichem Gebiet befasst.

Abbildung 2.1 zeigt die Gliederung der Schutzrechte in *technische* und *nicht technische* Schutzrechte.

Technische Schutzrechte Die technischen Schutzrechte befassen sich mit Leistungen bzw. Erfindungen auf dem Gebiet der *Technik*. Nach der Rechtsprechung ist der Begriff Technik definiert als eine „Lehre“ (spezieller Ausdruck bei Schutzrechten; entspricht einer Anleitung) zum technischen Handeln, die unter Nutzung beherrschbarer Naturkräfte zu einem kausal übersehbaren Erfolg führt. Im Gegen-

H. Hering, *Gewerblicher Rechtsschutz für Ingenieure*, essentials,
DOI 10.1007/978-3-658-06128-9_2, © Springer Fachmedien Wiesbaden 2014

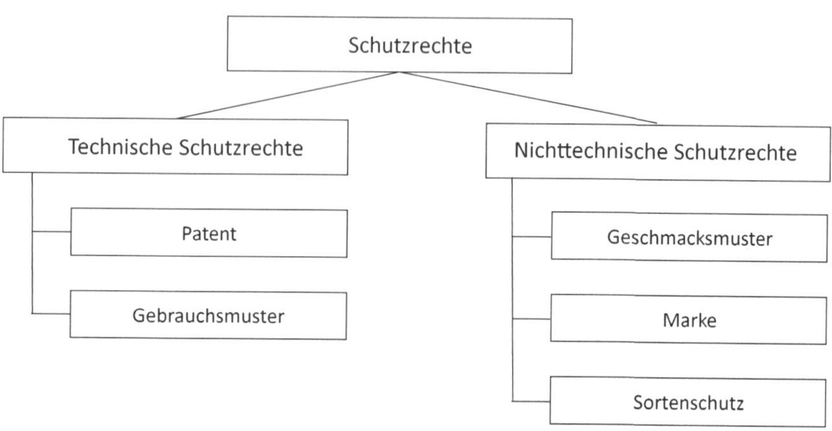

Abb. 2.1 Übersicht über die Schutzrechte (Eigene Darstellung)

satz zu dem sprachüblichen Begriff der Technik erfasst diese Definition nicht nur die unbelebte, sondern auch die belebte Natur. Zur Erlangung eines technischen Schutzrechtes bedarf es einer ordnungsgemäßen Anmeldung beim Deutschen Patent- und Markenamt, welches als hoheitlichen Akt ein Schutzrecht nach Erfüllung gewisser Schutzvoraussetzungen erteilt.

Nichttechnische Schutzrechte Diese Schutzrechte beziehen sich auf *schöpferische, gewerbliche Leistungen* (z. B. Geschmacksmuster und Marken), deren Ergebnisse auf anderen gewerbespezifischen Fachgebieten liegen.

Mit diesen Schutzrechten werden folgende, unmittelbar angrenzenden Rechtsgebiete berührt:

▶ **Wettbewerbsrecht** Das *Gesetz wider den unlauteren Wettbewerb* (UWG) schützt gewerbliche Leistungen, die sich in *eigenartigen* (spezieller Ausdruck bei Schutzrechten; entspricht dem Attribut „eigenständigen") *Erzeugnissen*, im Ruf des Unternehmens, in geschäftlichen Beziehungen und in Geschäftsgeheimnissen niederschlagen. Zur Sicherung der fortgesetzten gewerblichen Betätigung des Unternehmens und zum Schutz vor Eingriffen Dritter werden hierbei Schutztatbestände geregelt, deren Verletzung zivilrechtliche und strafrechtliche Ansprüche zur Folge haben.

▶ **Gesetz gegen Wettbewerbsbeschränkungen (GWB)** Mit diesem Gesetz wird die *Wettbewerbsfreiheit* gesichert. Beschränkungen des Wettbewerbs durch vertragliche Vereinbarungen und durch Missbrauch wirtschaftlicher Machtstellungen sollen verhindert werden.

▶ **Arbeitnehmererfindergesetz (ArbEG)** Durch dieses Gesetz werden die Rechtsverhältnisse einer im Rahmen eines Dienst- oder Arbeitsverhältnisses entstandenen technischen Neuerung zwischen Arbeitnehmer und Arbeitgeber geregelt.

▶ **Bürgerliches Gesetzbuch (BGB)** Hierin ist insbesondere das *Recht am Unternehmen* wesentlich, welches ein gegen alle wirkendes Recht zur Sicherung der Unternehmerleistung ganz allgemein darstellt. Hierzu gehören unter anderem Einzelrechte und -güter sowie Schutzrechte (z. B. Patentrechte oder Marken).

In Tab. 2.1 sind die Schutzrechte und ihre besonderen Eigenschaften zusammengestellt.

Tab. 2.1 Schutzrechte und ihre Besonderheiten. (Quelle: Deutsches Patent- und Markenamt: DPMA)

Schutzrecht	Patent	Gebrauchsmuster	Geschmacksmuster	Marke
Gesetzliche Grundlage	PatG	GebmG	GeschmG	MarkenG
Schutzgegenstand	Herstellungs- und Betriebsverfahren, Vorrichtung, Stoff, Verwendung	Vorrichtung, Schaltung, Raumform	Ästhetische formgebung, räumlich oder flächenhaft	Kennzeichnung, Warenverpackung, Dienstleistungsmarken
Hinterlegungsbehörde	DPMA	DPMA	DPMA	DPMA
Anmelde-Erfordernisse	Antrag, Beschreibung (Zeichnung), Patentansprüche, Gebühren	Antrag, Beschreibung (Zeichnung), Schutzansprüche, Gebühren	Antrag, Muster, Fotos, Zechnungen, Gebühren	Antrag, Markendarstellung, Verzeichnis der Waren/Dienstleistungen, Gebühren
Schutzbeginn	Stufenweiser Aufbau bis zur Erteilung	Eintragung	Anmeldung	Eintragung
Schutzdauer	20 Jahre ab Anmeldetag	3 + 3 + 2 + 2 Jahre ab Anmeldetag	5 + 5 + 5 + 5 Jahre ab Anmeldetag	Beliebig verlängerbar um jeweils 10 Jahre ab Anmeldetag
Schutzwirkung	Ausschließliche Verwertung durch Inhaber	Ausschließliche Verwertung durch Inhaber	Ausschließliche Verbreitung durch Hinterleger	Ausschließliche Benutzung der Marke durch Inhaber
	Verbot von Herstellung, Vertrieb, Anbieten und Benutzung durch andere	Verbot von Herstellung, Vertrieb, Anbieten und Benutzung durch andere	Verbot der Nachbildung zur Verbreitung durch andere	Verbot der Verwendung der Marke oder verwechselbar ähnlicher Marken für gleiche und gleichartige Waren/Dienstleistungen durch andere

Ansprüche bei Zuwiderhandlungen bei allen Schutzrechten:
zivilrechtlich: Unterlassung, Beseitigung oder Schadenersatz
strafrechtlich: Haft- oder Geldstrafe

3 Patent

Um ein Patent zu erlangen, müssen folgende Anforderungen erfüllt sein:

- Eine Leistung auf dem Gebiet der Technik bzw. eine Lehre (Anleitung) zum technischen Handeln,
- Neuheit,
- gewerbliche Verwertbarkeit bzw. Anwendbarkeit,
- erfinderische Tätigkeit (Erfindungshöhe),
- technischer Fortschritt und
- ausreichend deutliche und vollständige Offenbarung.

3.1 Patent-Kategorien

Es gibt im Wesentlichen folgende zwei Arten von Patenten:

▶ **Verfahrenspatente** Verfahrenspatente betreffen *Einwirkungen auf ein Ausgangsmaterial* als Grundstoff. Nach Art der Einwirkung auf das Ausgangsmaterial ergeben sich hieraus *Herstellungsverfahren*, *Arbeitsverfahren* und *Verwendungszwecke*. Der Schutzumfang dieser sogenannten Verfahrenspatente ist unterschiedlich. Das Herstellungsverfahren schließt zusätzlich das unmittelbar nach ihm hergestellte Erzeugnis sowie jede bekannte und nichterfinderische neue Verwendung des Erzeugnisses mit ein. Der Schutz des Arbeitsverfahrens erstreckt sich hingegen nur auf die Vorgehensweise zur Erzielung des bestimmten Arbeitsergebnisses. Der unmittelbare Erzeugnisschutz entfällt, da das Ausgangsmaterial beim Arbeitsverfahren unverändert bleibt. Der Schutz eines Verwendungspatentes umfasst *ausschließlich* die Verwendungsmöglichkeiten.

H. Hering, *Gewerblicher Rechtsschutz für Ingenieure*, essentials,
DOI 10.1007/978-3-658-06128-9_3, © Springer Fachmedien Wiesbaden 2014

▶ **Sachpatente** Zu den Sachpatenten gehören:

- *Bewegliche Sachen* mit bestimmten Eigenschaften oder *körperliche Gegenstände*. Hierzu gehören beispielsweise Vorrichtungen oder Einrichtungen, die auch zur Durchführung von Herstellungs- oder Arbeitsverfahren geeignet sind.
- *Anordnungen* oder *Schaltungen*, die aus räumlich und zeitlich nebeneinander wirkenden Arbeitsmitteln, wie elektrischen Schaltungen, bestehen.
- *Erzeugnisse*, die beispielsweise die Ergebnisse von Herstellungsverfahren sind. Diese Erzeugnisse müssen als solche neu und erfinderisch sein.
- *Stoffpatente*; insbesondere auf dem Gebiet der Chemie wird hierdurch die dem Stoff eigene, innere Beschaffenheit geschützt.

Selbstverständlich sind auch Mischformen aus mehreren Patentkategorien zulässig.

3.2 Neuheit

Alles, was vor dem Anmelde- oder Prioritätstag der Öffentlichkeit unbeschränkt zugänglich war, gehört zum Stand der Technik. Hierbei sind alle Aufzeichnungs- und Wiedergabebeweise von technischen Sachverhalten zu berücksichtigen (auch mündliche Wiedergabe, wie Vorträge, Vorlesungen, Gespräche, Radio- und Fernsehsendungen). Der Stand der Technik umfasst ferner alle Benutzungshandlungen auch im Ausland vor dem Anmelde- oder Prioritätstag (z. B. Ausstellungen, Museen oder Messen). Nach dem Begriff der „absoluten Neuheit" muss sich der Findungsgegenstand vom Stand der Technik weltweit unterscheiden.

3.3 Erfinderische Tätigkeit (Erfindungshöhe)

Die erfinderische Tätigkeit ist gegeben, wenn eine schöpferische Leistung von einem auf diesem Gebiet tätigen Durchschnittsfachmann bei *routinemäßiger Arbeitsweise nicht ohne Weiteres* erbracht werden kann. Durch die routinemäßige Arbeitsweise wird die allgemeine und stetige Weiterentwicklung auf dem Gebiet der Technik als schutzfreier Raum freigehalten. Bei der Beurteilung der erfinderischen Tätigkeit wird der Schutzgegenstand in einer Art Gesamtschau dem Stand der Technik gegenübergestellt und beurteilt, ob sich der Schutzgegenstand aus dem Stand der Technik ohne Weiteres herleiten lässt oder nicht.

3.4 Verfahren zur Erteilung eines Patentes

Wie das Flussdiagramm in Abb. 3.1 zeigt, gliedert sich das Patenterteilungsverfahren IV in ein *Formalprüfungsverfahren* I, ein *materielles Prüfungsverfahren* II und ein *Einspruchsverfahren* III.

Das *Formalprüfungsverfahren (I)* unmittelbar nach Hinterlegung der Anmeldung erstreckt sich insbesondere auf die formellen Voraussetzungen einer ordnungsgemäßen Anmeldung. Diese umfasst:

- den Antrag,
- die Patentansprüche,
- die Beschreibung und gegebenenfalls
- die Zeichnung.

Weitere Hinweise hierzu sind im „Merkblatt für Patentanmelder" enthalten (www.dpma.de).

Die *materielle oder sachliche Prüfung (II)* wird durch einen vom Anmelder oder einem Dritten zu stellenden gebührenpflichtigen Prüfungsantrag eingeleitet. Dieser Antrag kann direkt mit der Anmeldung und muss bis spätestens 7 Jahre nach Anmeldung beim Patent- und Markenamt gestellt werden. Hierbei erfolgt die Prüfung auf Patentfähigkeit unter Berücksichtigung der Neuheit und der erfinderischen Tätigkeit (Erfindungsqualität). Im Prüfungsverfahren ermittelt das Patent- und Markenamt den Stand der Technik, wobei insbesondere die Patentliteratur weltweit berücksichtigt wird.

Nach erfolgreichem Abschluss des materiellen Prüfungsverfahrens wird die Patenterteilung beschlossen und das erteilte Patent wird als Druckschrift (*Patentschrift*) veröffentlicht.

Im *Einspruchsverfahren (III)* kann jeder beliebige Dritte (Einsprechende) innerhalb einer Frist von 3 Monaten nach Veröffentlichung der Erteilung des Patents Einspruch beim Deutschen Patent- und Markenamt einlegen. Im Einspruchsverfahren wird die Patentfähigkeit des erteilten Patents unter Beteiligung der Einsprechenden nochmals geprüft. Als Einspruchsgründe kommen folgende Umstände in Betracht:

- Mangelnde Patentfähigkeit (Neuheit, Erfindungshöhe),
- ältere Anmeldungen,
- widerrechtliche Entnahme (unberechtigter Anmeldeverlauf),
- unzulässige Erweiterung (ursprünglich offenbarter Schutzgegenstand wird überschritten) und
- mangelnde ursprüngliche Offenbarung.

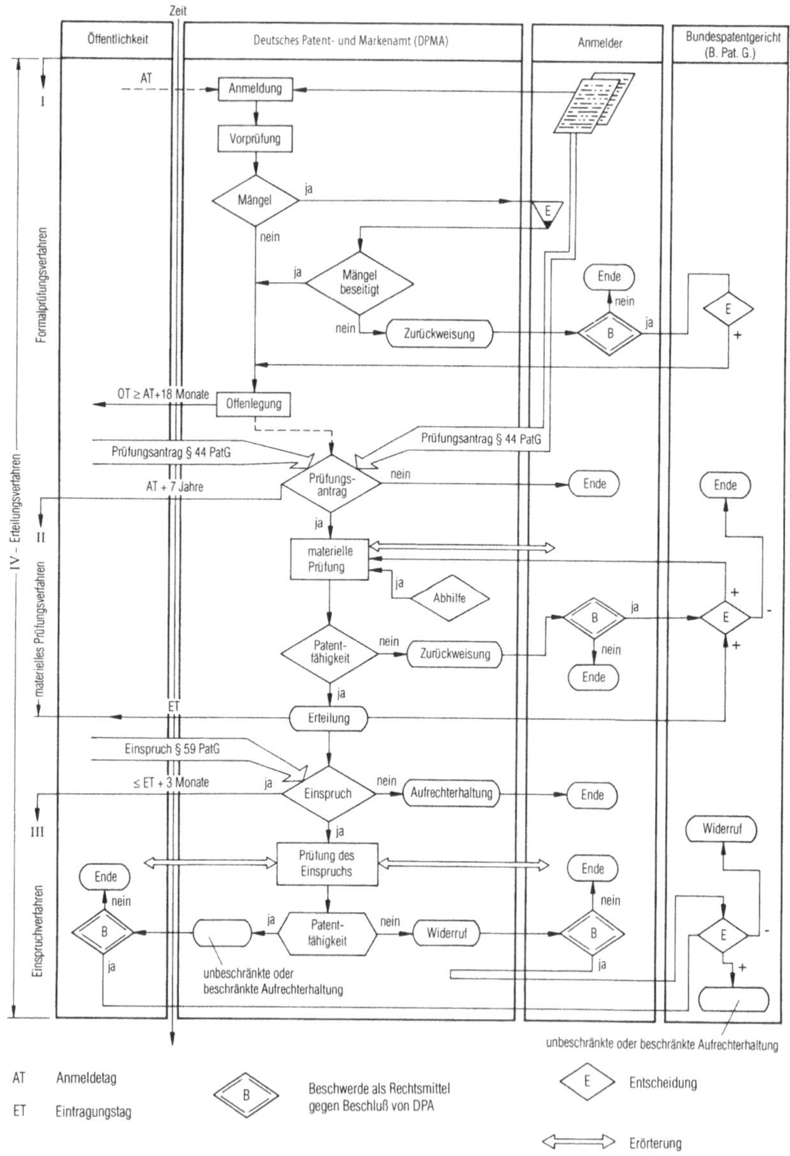

Abb. 3.1 Ablauf des Verfahrens zur Patenterteilung. (Quelle: Hering und Draeger 2000)

Das Einspruchsverfahren endet mit einer Entscheidung des Deutschen Patent- und Markenamtes. Hiermit wird das Patent in ungeänderter Form, in geänderter oder in beschränkter Form aufrecht erhalten, oder das Patent wird vollständig widerrufen.

Jährlich ist für die Aufrechterhaltung des Patents oder der -anmeldung eine *Jahresgebühr* (gerechnet ab Anmeldetag) zu entrichten. Wird diese Jahresgebühr nicht entrichtet, gilt das Patent oder die -anmeldung als zurückgenommen.

▶ **Nichtigkeit** Nach rechtswirksamer Patenterteilung kann das Patent durch eine *Nichtigkeitsklage* angegriffen werden. Diese Nichtigkeitsklage wird beim Bundespatentgericht eingelegt. Die Entscheidung des Bundespatentgerichts unterliegt dann der Berufung vor dem Bundesgerichtshof. Die Nichtigkeitsklage kann während der Schutzdauer des Patents ohne zeitliche Beschränkung erhoben werden. Im Nichtigkeitsverfahren wird dann, ähnlich wie beim Einspruchsverfahren, die Patentfähigkeit des Patents nochmals überprüft. Mit der abschließenden Entscheidung wird das Patent unverändert oder verändert (beschränkt) aufrecht erhalten oder für von Anfang an nichtig erklärt.

3.5 Ausnahmen (nicht patentfähige Erfindungen)

Nach dem Gesetz sind allgemein bei technischen Schutzrechten nachstehende Gegenstände vom Schutz ausgenommen.

▶ **Entdeckungen** Bei einer Entdeckung wird lediglich etwas *an sich Vorhandenes*, jedoch bisher nicht allgemein Bekanntes aufgefunden und angegeben. Diese Entdeckung beschreibt somit nur den *Vorgang des Erkennens*. Beispielsweise ist ein in der Natur vorkommender Stoff (ein sogenannter Naturstoff) als solcher nicht patentfähig, selbst wenn man eine neue „Brauchbarkeit" (Anwendung) desselben gefunden hat.

▶ **Wissenschaftliche Theorien und mathematische Methoden** Diese umfassen eine besondere Art einer Entdeckung, bei der mit Hilfe von Theorien und Methoden eine wissenschaftliche Grundlage der Entdeckung beschrieben wird. Wird aber diese wissenschaftliche Erkenntnis praktisch angewendet, können daraus patentfähige Erfindungen entstehen.

▶ **Ästhetische Formschöpfungen** Diese befassen sich mit ausschließlich ästhetisch wirkenden Leistungen, welche den Formen- und Farbensinn des Menschen anregen und willkürlich auf sein Geschmacksempfinden einwirken. Hierfür gibt es als Sonderschutzrecht das *Geschmacksmuster*. Für Grenzfälle empfiehlt es sich, sowohl ein *technisches Schutzrecht* (Patent oder Gebrauchsmuster) als auch ein Geschmacksmuster anzumelden.

▶ **Pläne, Regeln und Verfahren für gedankliche Tätigkeiten für Spiele oder für geschäftliche Tätigkeiten** Hierunter sind sogenannte Anweisungen an den menschlichen Geist zusammengefasst. Bei diesen Anweisungen muss der Benutzer durch seine eigene Denktätigkeit den gewünschten Erfolg herbeiführen.

▶ **Gedankliche Tätigkeiten** Hierunter fallen beispielsweise Gebrauchsanweisungen, Unterrichtsmethoden, Schriftformen wie Noten, Schrift und Kurzschrift, sowie farbige Markierungen, welche ausschließlich einen Symbolgehalt verkörpern. Dienen Markierungen hingegen als Bedeutungsträger technischer Natur, so sind sie dem Gebiet der technischen Schutzrechte zuzuordnen.

▶ **Spiele** Spiele dienen zur Beschäftigung und zur Unterhaltung. Daher sind beispielsweise Spielregeln für technische Schutzrechte nicht zugänglich.

▶ **Geschäftliche Tätigkeiten** Hierunter fallen Leistungen auf kaufmännischem oder wirtschaftlichem Gebiet. Sie befassen sich beispielweise mit der Buchhaltung, der Organisation, der Finanzierung, der Lagerhaltung, dem Rechnungswesen, der Geschäftsführung, der Werbung oder dergleichen.

▶ **Programme für Datenverarbeitungsanlagen** Wenn ein Rechnerprogramm (Computerprogramm, Software) sich ausschließlich mit einer Anweisung zum bestimmungsgemäßen Gebrauch bestimmter Vorschriften befasst, nach denen eine Rechenvorschrift in einer Steueranweisung zum Betreiben eines Rechners umgesetzt wird (z. B. ein Algorithmus), so ist eine derartige Leistung nach dem Gesetz ausgenommen.

Allerdings sind Lehren (Anweisungen), einen Rechner nach einem bestimmten Programm mit einer Software zu betreiben, nicht grundsätzlich vom Patentschutz ausgeschlossen. Eine derartige Lehre kann patentfähig sein, wenn das Programm einen neuen, erfinderischen Aufbau einer Rechenanlage erfordert und lehrt, oder wenn ihm die Anweisung zu entnehmen ist, die Anlage auf neue, bisher nicht übliche und auch nicht naheliegende Art und Weise zu benutzen. Auch eine neue Brauchbarkeit einer Rechenanlage kann selbst dann patentierbar sein, wenn sie in Form eines Rechnerprogramms vorliegt.

▶ **Wiedergabe von Informationen** Hierunter sind beispielsweise Tabellen, Formulare oder Schriftanordnungen zu verstehen.

▶ **Therapeutische Behandlungsverfahren** Therapeutische Behandlungsverfahren sind wegen der mangelnden gewerblichen Anwendbarkeit nicht patentfähig und aus ethischen Gesichtspunkten vom Schutz ausgeschlossen. Hierunter sind solche Verfahren zu verstehen, die zum Schutz des menschlichen Lebens, zur Erhaltung und Wiederherstellung der Gesundheit oder zur Linderung von Krankheitssymptomen, insbesondere nach Verordnung eines Arztes, bestimmt sind. *Verfahrensmaßnahmen* zur kosmetischen Behandlung beispielsweise tragen zum Wohlbefinden des Menschen bei oder sollen diesen verschönern, und sind daher dem Patentschutz zugänglich. Ferner sind die *Erzeugnisse* für therapeutische Behandlungen oder Verfahren, die eine bestimmte therapeutische Anwendung bezwecken, dem Patentschutz zugänglich (alle Arzneimittel auch in Form von Stoffgemischen, Diagnostika, technische Geräte, Instrumente und Apparaturen).

Gebrauchsmuster 4

Das Gebrauchsmuster gehört ebenfalls zu den technischen Schutzrechten mit der Einschränkung, dass die Kategorie der Verfahrenserfindungen (Arbeits- und Herstellungsverfahren) dem Gebrauchsmusterschutz nicht zugänglich sind. Schaltungen (elektrische, hydraulische, pneumatische oder elektrohydraulische Schaltungen) sind als eigenständige Alternative zu Vorrichtungen dem Gebrauchsmusterschutz zugänglich.

Die materiellen Schutzvoraussetzungen, insbesondere Neuheit und erfinderische Tätigkeit, stimmen weitgehend mit den zuvor im Zusammenhang mit dem Patent erläuterten Grundsätzen überein.

4.1 Gebrauchsmustererteilung

Anhand des Flussdiagramms nach Abb. 4.1 wird das Erteilungs-und Eintragungsverfahren in einem Ablaufschema veranschaulicht. Für das Einreichen und Abfassen der Gebrauchsmusterunterlagen sind im Wesentlichen die gleichen Gesichtspunkte wie beim Patent zu berücksichtigen („Merkblatt für Gebrauchsmusteranmelder"). Nach Abb. 4.1 umfasst das Erteilungs- und Eintragungsverfahren nur eine Formalprüfung hinsichtlich der formellen Erfordernisse und der absoluten Gebrauchsmuster-Schutzfähigkeit. Eine materielle Prüfung des Schutzgegenstands auf Neuheit und erfinderische Tätigkeit erfolgt hierbei nicht, um eine möglichst rasche Eintragung des Gebrauchsmusters mit der hiermit verbundenen Schutzwirkung zu ermöglichen. Diese Schutzwirkung des eingetragenen Gebrauchsmusters besteht jedoch nur unter der auflösenden Bedingung, daß auch die materiellen Voraussetzungen (Neuheit und erfinderische Tätigkeit) gegeben sind.

Die Schutzdauer eines Gebrauchsmusters beläuft sich auf maximal 10 Jahre und muss durch Entrichtung von Verlängerungsgebühren nach 3, 6 und 8 Jahren, ge-

H. Hering, *Gewerblicher Rechtsschutz für Ingenieure*, essentials,
DOI 10.1007/978-3-658-06128-9_4, © Springer Fachmedien Wiesbaden 2014

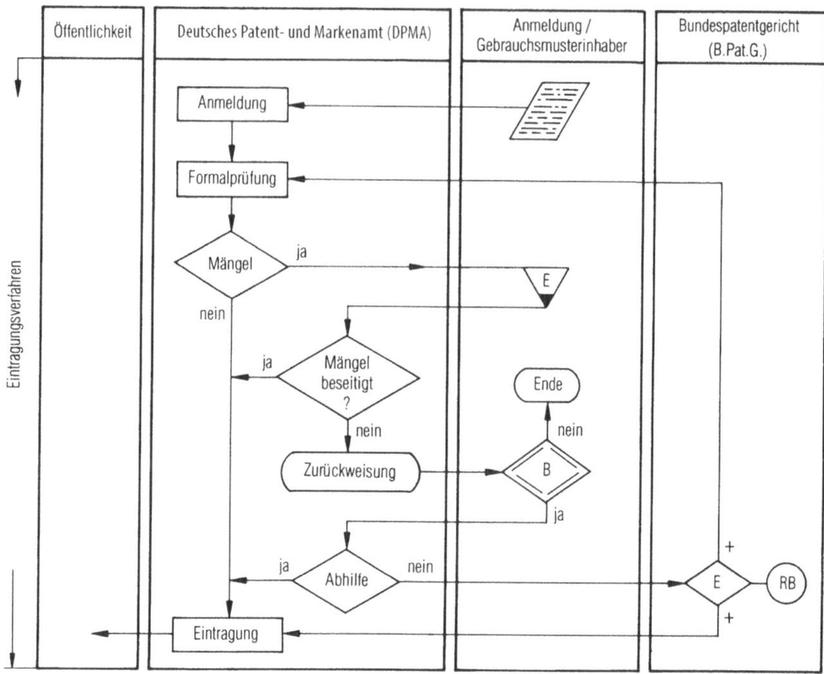

Abb. 4.1 Ablauf des Verfahrens zur Eintragung eines Gebrauchsmusters. *B* Beschwerde als Rechtsmittel gegen den Beschluss des Deutschen Patent- und Markenamtes, *E* Erwiderung/ Entscheidung, *RB* Rechtsbeschwerdeverfahren. (Quelle: Hering und Draeger 2000)

rechnet vom Anmeldetag, verlängert werden. Werden diese Verlängerungsgebühren nicht einbezahlt, erlischt der Gebrauchsmusterschutz für die Zukunft.

4.2 Gebrauchsmusterlöschung

Nach der Eintragung eines Gebrauchsmusters kann jeder Dritte im Rahmen eines Löschungsverfahrens das Gebrauchsmuster angreifen. In seiner Grundtendenz entspricht das Löschungsverfahren dem *Nichtigkeitsverfahren* beim Patent und führt zu einer rückwirkenden Beseitigung der durch die Eintragung entstandenen Schutzwirkung des Gebrauchsmusters.

Im Gebrauchsmusterlöschungsverfahren wird eine vollständige materielle Prüfung auf Neuheit und erfinderische Tätigkeit des Gebrauchsgegenstands durchgeführt. Auch das Amt kann eigene Recherchen durchführen, deren Ergebnisse im Rahmen des Löschungsverfahrens berücksichtigt werden müssen.

Erstinstanzlich endet das Gebrauchsmusterlöschungsverfahren mit einem Beschluss der Gebrauchsmusterabteilung, mit der das Gebrauchsmuster *unverändert* bestehen bleibt oder *eingeschränkt* aufrechterhalten oder *gelöscht* wird. Dem Gebrauchsmusterinhaber und dem Löschungsantragssteller steht das Rechtsmittel der *Beschwerde* gegen diese Entscheidung zu, über die ein Beschwerdesenat des Bundespatentgerichts entscheidet. Außer durch das Rechtsmittel der Rechtsbeschwerde ist diese Entscheidung des Bundespatentgerichts unanfechtbar.

Das Gebrauchsmuster als *Ausschließlichkeitsrecht* kann meist kostengünstig und schnell eingetragen werden. Das so erhaltene Ausschließlichkeitsrecht ist wegen der fehlenden materiellen Prüfung (Neuheit und erfinderische Tätigkeit) anfechtbar, hierbei ist auch das *Kostenrisiko* (der Unterlegene muss die Verfahrenskosten des Obsiegenden erstatten) im Falle eines Unterliegens im Löschungsverfahren zu berücksichtigen.

5 Marken

Zeichen oder allgemein Marken für Waren- und Dienstleistungen lassen sich nach dem *Markengesetz* (MarkenG) schützen. Die Marke stellt eine Kennzeichnung dar, die geeignet ist, die Waren und Dienstleistungen eines Gewerbetreibenden von jenen eines anderen, insbesondere eines Mitbewerbers zu unterscheiden. Bei den beteiligten Verkehrskreisen, d. h. den Käufern, weckt eine derartige Marke eine Erinnerung an die *Herkunft* der Waren oder Dienstleistungen aus einem bestimmten Betrieb, eine Vorstellung hinsichtlich einer Qualitätsgarantie. Es ist ein werbewirksames Mittel für die Förderung des Verkaufs und den Ruf des Unternehmens.

Unter Waren im Markengesetz sind *bewegliche körperliche Sachen* zu verstehen, die aus einem auf Gewinn abzielenden Unternehmen im Bereich der Erzeugung oder des Handels in den wirtschaftlichen Verkehr gebracht werden. Dienstleistungen (z. B. Geldhandel), auch in Verbindung mit unbeweglichen Sachen im juristischen Sinne, sind dem Zeichenschutz nach dem Markengesetz zugänglich.

5.1 Markenarten

Marken Zeichen lassen sich in *Wortmarken*, *Bildmarken*, *kombinierte Marken* und *Sammelmarken* unterteilen. Bei den *Wortmarken* handelt es sich um die bedeutendste und gebräuchlichste Markenart. Die Wortwarke kann aus einem oder mehreren Wörtern bestehen und auch satzartige Werbesprüche, wie „Lass Dir raten, trinke Spaten" umfassen. Auch Abkürzungen, wie „BMW" sind zu den Wortmarken zu rechnen.

Bildmarken bestehen ausschließlich aus einer bildlichen Darstellung. Auch Monogramme gehören hierzu.

Kombinierte Marken bestehen meist aus mehreren Wort- und Bildbestandteilen. Diese findet man häufig bei Lebens- und Genussmitteln.

H. Hering, *Gewerblicher Rechtsschutz für Ingenieure*, essentials,
DOI 10.1007/978-3-658-06128-9_5, © Springer Fachmedien Wiesbaden 2014

Sammelmarken setzen sich aus mehreren Einzelteilen zusammen, die immer gemeinsam an der Ware angebracht werden. Meist handelt es sich hierbei um kombinierte Marken, wie das Hals- und Bauchetikett einer Bier- und Weinflasche.

5.2 Allgemeine Eintragungsvoraussetzungen

Diese allgemeinen Eintragungsvoraussetzungen werden nach der Anmeldung der Marke vom Deutschen Patent- und Markenamt vor der Schutzrechtserteilung geprüft.

▶ **Markenfähigkeit** Dem Markenschutz sind nur solche Marken zugänglich, die flächenmäßig darstellbar und geeignet sind, auf der Ware oder ihrer Verpackung oder im Zusammenhang mit der Dienstleistung selbständig in Erscheinung zu treten. Die Marke ist daher ein selbständiges Gebilde, das nicht die Ware selbst sein darf. Mit der flächenmäßigen Darstellung der Marke soll eine *eindeutige Reproduzierbarkeit* gewährleistet werden, die bei plastischen oder räumlichen Darstellungen nicht gegeben ist.

▶ **Unterscheidungskraft** Die Marke muss zur Unterscheidung der Waren und Dienstleistungen hinsichtlich ihrer *Herkunft* dienen. Diese Funktion wird auch als Unterscheidungskraft bezeichnet.

5.3 Absolute Eintragungshindernisse

Selbst wenn eine Marke die voranstehend erläuterten Markenvoraussetzungen erfüllt, sind noch die im Markengesetz aufgeführten *Ausnahmetatbestände* zu berücksichtigen. Diese werden unter dem Begriff der absoluten Eintragungshindernisse zusammengefasst. Diese Bestimmungen verfolgen den Zweck, dass vom Geschäftsverkehr benötigte Angaben allgemein freigehalten und nicht monopolisiert werden (z. B. der Begriff „Tastatur“). Die wichtigsten Eintragungshindernisse sind nachstehend angegeben.

▶ **Freimarken** Als Freimarken sind Marken zu verstehen, die für den *allgemeinen Gebrauch* freigehalten werden sollen, oder die ihre Eignung verloren haben als Herkunftshinweis auf einen bestimmten Geschäftsbetrieb zu wirken (z. B. „Vaseline“ für Mineralfette oder der „Aeskulapstab“ für medizinische und pharmazeutische Waren).

Fehlende Unterscheidungskraft Hierzu sind im Markengesetz Einzeltatbestände geregelt. Die wichtigsten sind:

- Die Abbildung oder Benennung der Ware oder Teile derselben unterscheiden die Ware nach ihrer Art oder Gattung, aber *nicht nach ihrer Herkunft*.
- Die Abbildung der Ware sowie ihre Verpackung ist ebenfalls *nicht unterscheidungskräftig*.
- *Einfache geometrische Figuren*, wie Verzierungen, Ornamente und Umrahmungen üblicher Art dienen in den meisten Fällen als Blickfang und sind für sich zur Betriebskennzeichnung nicht geeignet.
- *Farbgebungen*, wiedergegeben in Bild oder Wort (z. B. die Farbringreihe zur Kennzeichnugn von elektrischen Widerständen) kommen im allgemeinen ebenfalls keine betriebskennzeichende Funktion zu.
- *Werbesprüche* sind nur dann unterscheidungskräftig, wenn sie wenigstens einen Bestandteil mit betrieblichem Hinweischarakter haben (z. B. „Lass Dir raten, trinke Spaten").
- Angaben über die *Verfahrens- oder Behandlungsform* der Ware sind nur dann unterscheidungskräftig, wenn ein Bestandteil vorhanden ist, der erkennbar einen Hinweis auf einen Geschäftsbetrieb darstellt (z. B. „Melitta gefiltert").
- *Geschäftliche und kaufmännische Bezeichnungen*, beispielsweise Wörter wie Firma, Gesellschaft oder Hotel sind für sich alleine gesehen nicht eintragbar, während die Verknüpfung mit einem Personennamen oder einer Abbildung als Gesamtheit ein unterscheidungskräftige Marke ergeben.

Ferner sind die nachstehenden Gruppen möglicher Angaben per Gesetz von der Eintragung ausgeschlossen:

- Bezeichnungen, die ausschließlich aus *Zahlen oder Buchstaben* zusammengesetzt sind.
- *Beschreibende Angaben*, d. h. Marken, die ausschließlich Angaben über Art, Zeit und Ort der Herstellung, über die Beschaffenheit, die Bestimmung oder über Preis-, Mengen- oder Gewichtsverhältnisse der Ware enthalten.
- *Hoheits- und Gewährzeichen* wie Staatswappen, Staatsflaggen oder andere staatliche Hoheitszeichen oder Wappen eines inländischen Ortes und Sitzes sind zum Schutze ihres Symbolgehaltes für behördliche Zwecke nicht eintragbar.
- *Ärgernis erregende Darstellungen*, die das Empfinden eines beachtlichen Teils der angesprochenen Verkehrskreise verletzen. Das Empfinden kann sittlicher, politischer oder religiöser Natur sein.

- *Irreführende Marken* sind unrichtige Angaben über die Beschaffenheit, die Herkunft oder die Herstellung der Ware sowie geografische Herkunftsangaben oder auch fremdsprachliche Bezeichnungen.
- *Notorische Marken* sind eingetragene und nicht eingetragene Zeichen, die nach allgemeiner Kenntnis innerhalb der beteiligten inländischen Verkehrskreise bereits von einem Gewerbetreibenden für gleiche oder gleichartige Waren benutzt werden;
- *Sortenbezeichnungen* können nur mit Hilfe der Sortenschutzrolle oder der Sortenliste des Bundessortenamtes geschützt werden (Sortenschutzgesetz: SortSchG).

5.4 Eintragungsverfahren

Abbildung 5.1 zeigt den Verfahrensablauf zur Eintragung einer Marke.

Das Eintragungsverfahren gliedert sich im Wesentlichen in folgende Abschnitte:

- *Verfahrensabschnitt I* unter ausschließlicher Beteiligung des Anmelders, und
- *Verfahrensabschnitt II* (Widerspruchsverfahren) unter Beteiligung des Inhabers einer älteren, kollisionsbegründenden Marke.

In dem Verfahrensabschnitt I erfolgt eine Formalprüfung hinsichtlich der oben aufgeführten absoluten Eintragungshindernisse. Stehen der Eintragung keine absoluten Hindernisse entgegen, so beschließt das Deutsche Patent- und Markenamt die Eintragung der Marke.

Innerhalb einer Frist von 3 Monaten nach der Veröffentlichung der Eintragung kann ein Inhaber oder Anmelder einer älteren Marke oder einer Markenanmeldung Widerspruch einlegen. Im Widerspruchsverfahren (Verfahrensabschnitt II) wird die Anmeldemarke auf sogenannte *relative Eintragungshindernisse* geprüft. Diese relativen Eintragungshindernisse führen zu einer Schutzversagung, wenn eine *Gleichartigkeit* der Waren oder Dienstleistungen und eine *Verwechslungsgefahr* gegeben sind.

▶ **Gleichartigkeit der Waren und/oder Dienstleistungen** Die Gleichartigkeit von Waren oder Dienstleistungen ist gegeben, wenn diese ihrer wirtschaftlichen Bedeutung und Verwendungshinweise nach, insbesondere hinsichtlich ihrer regelmäßigen Fabrikations- oder Kaufstätte, so enge Berührungspunkte aufweisen, dass beim Durchschnittskäufer die Meinung aufkommen kann, sie stammten aus dem gleichem Geschäftsbetrieb, sofern übereinstimmende oder vermeintlich übereinstimmende Marken verwendet werden.

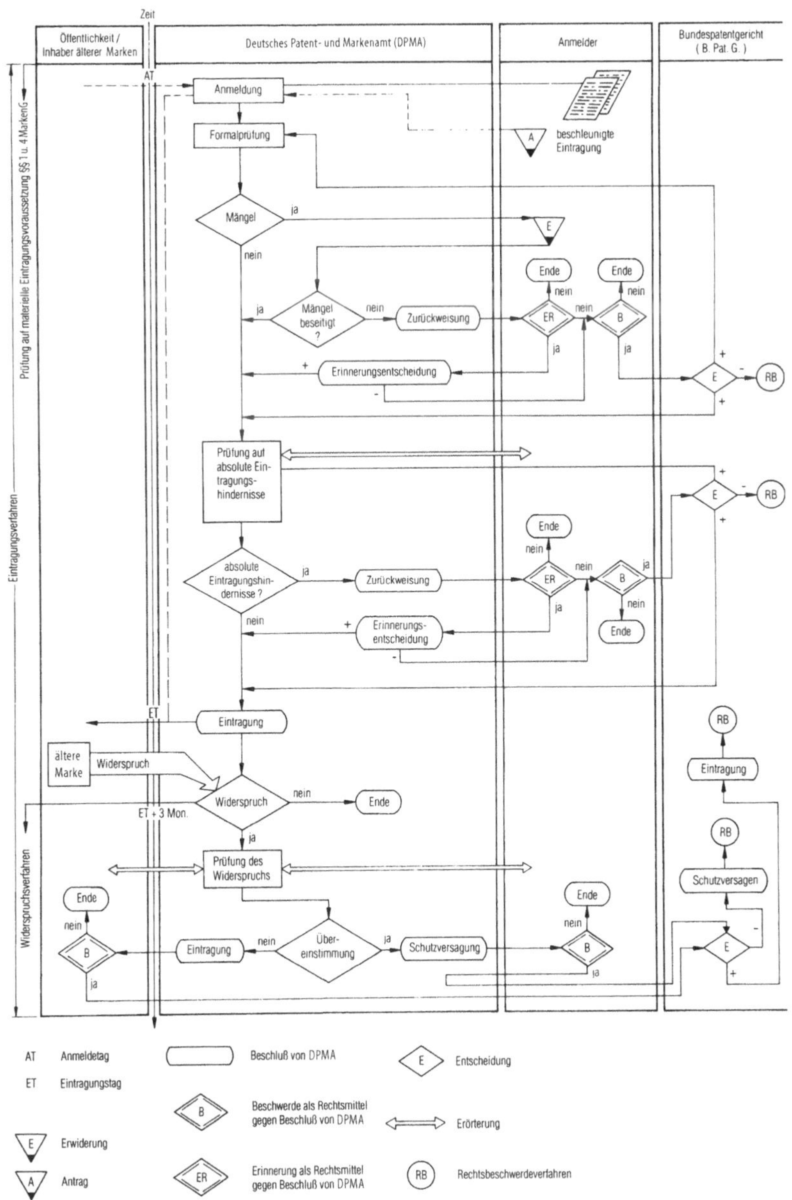

Abb. 5.1 Ablauf des Verfahrens zur Eintragung einer Marke. (Quelle: Hering und Draeger 2000)

▶ **Verwechslungsgefahr** Um zu verhindern, dass sich ein jüngerer Anmelder (Anmeldemarke) an den Werbeerfolg einer älteren Marke (Widerspruchsmarke) anlehnen kann, erstreckt sich der Schutzumfang einer älteren Marke auch auf ähnliche Bezeichnungen, die wegen ihrer Ähnlichkeit die Gefahr einer Verwechslung im Verkehr befürchten lassen. Hierbei sind Annäherungen hinsichtlich der Markenwirkung, der Bildwirkung, der Klangwirkung und des Sinngehalts zu berücksichtigen.

Die Wirkung auf die beteiligten Verkehrskreise, an welche sich die Waren oder Dienstleistungen richten, ist maßgebend. Es ist zu unterscheiden, ob die Waren für die Allgemeinheit der Endverbraucher oder für ein Fachpublikum bestimmt sind.

Die Verwechslungsgefahr wird durch eine Nähe der Waren oder Dienstleistungen verstärkt und bei größer werdendem Abstand abgeschwächt.

Die Kennzeichnungskraft bestimmt den Schutzumfang der älteren Marke und charakterisiert die Anziehungswirkung oder den Bekanntheitsgrad einer Marke. Von dieser Kennzeichnungskraft ist die Kollisionsgefahr abhängig.

Die Benutzungslage einer Marke, aus welchem Rechte geltend gemacht werden, ist bei dem Widerspruchsverfahren ebenfalls zu berücksichtigen. Nach dem Markengesetz sind Marken spätestens 5 Jahre nach ihrer Eintragung zu benutzen. Wird die Benutzung der Widerspruchsmarke bestritten, hat der Markeninhaber die Benutzungslage hinsichtlich Dauer, Umfang und Art glaubhaft zu machen.

Zum Abschluss des Widerspruchsverfahrens ergeht ein Beschluss, mit dem die Schutzversagung oder die Zurückweisung des Widerspruchs verfügt wird. Mit rechtswirksamem Abschluss des Widerspruchsverfahrens ist das Eintragungsverfahren insgesamt abgeschlossen. Dann ist die Marke in das Markeregister des Deutschen Patent-und Markenamtes eingetragen.

5.5 Markenlöschung

Nach der rechtswirksamen Eintragung der Marke kann diese im Rahmen eines Löschungsverfahrens angegriffen werden, welches vom Deutschen Patent- und Markenamt auf Antrag eines Dritten durchgeführt wird. Als Alternative kann auch die sogenannte zeichenrechtliche Löschungsklage angestrengt werden, für die die ordentlichen Gerichte zuständig sind. Der Verfahrensablauf richtet sich nach der Zivilprozessordnung und den dort vorgesehenen Rechtsmittelwegen.

6 Geschmacksmuster

Das Geschmacksmustergesetz schützt Leistungsergebnisse *ästhetischer Schöpfungen*, die gewerblich verwertbar sind und den Farben- oder Formensinn des Menschen durch eine Flächen- oder Raumform ansprechen. Ästhetisch wirkende, gewerbliche Muster und Modelle sind beispielsweise Tapetenmuster, Kleiderschnitte, Bestecke, Türgriffe, Porzellan- und Keramikwaren.

Zur Erfüllung der formalen Schutzvoraussetzungen bedarf es einer Anmeldung und Hinterlegung des Musters, zweckmäßigerweise in Form von Abbildungen (Fotos) oder Zeichnungen beim Deutschen Patent- und Markenamt.

Die wesentlichen materiellen Schutzvoraussetzungen sind:

- **Äußere Formgebung** Der Schutzgegenstand muss eine bestimmte äußere Form haben, die als Fläche oder als Raumgebilde erkennbar und fassbar ist.

- **Modellfähigkeit** Ein Gegenstand ist modellfähig und als Vorbild für die Herstellung gewerblicher Erzeugnisse geeignet, wenn er fertig, ausführbar und wiederholbar ist.

- **Bestimmtheit des Formgedankens** Allgemeinen Formelementen, Ideen und Motiven, wie charakteristische Merkmale eines neuen Stils oder einer neuen Mode, fehlt es an der Bestimmtheit des Formgedankens. Nur die konkrete Anwendungsform, beispielsweise ein bestimmtes Modellkleid oder ein bestimmtes Besteckmuster, erfüllen die Schutzvoraussetzungen der Bestimmtheit.

- **Gewerbliche Verwertbarkeit** Hierbei reicht die Möglichkeit einer gewerblichen Verwertung aus; eine tatsächliche Verwertung braucht nicht nachgewiesen zu werden.

H. Hering, *Gewerblicher Rechtsschutz für Ingenieure,* essentials,
DOI 10.1007/978-3-658-06128-9_6, © Springer Fachmedien Wiesbaden 2014

▶ **Ästhetischer Gehalt** Der ästhetische Gehalt des Musters muss erkennbar bzw. anschaulich sein, und wirkt über das Auge auf den Formen- und Farbensinn des Menschen. Dem Geschmacksmusterschutz hingegen sind die wörtliche Beschreibung einer Formvorstellung oder die Wirkung eines Stoffes auf den Geruchs-, Tast- oder den Geschmackssinn sowie die Verwendung von Farben als Einteilungs- und Registriermittel nicht zugänglich.

▶ **Neuheit** Ein Muster ist als neu anzusehen, wenn es zum Zeitpunkt der Anmeldung in inländischen Fachkreisen weder bekannt war noch bei zumutbarer Beachtung einschlägiger Gestaltungen bekannt sein konnte. Hierbei ist die absolute Neuheit zum Anmeldezeitpunkt maßgebend. Ein nach dem Muster gefertigtes Erzeugnis darf daher weder vom Anmelder noch von einem Dritten vor der Anmeldung verbreitet werden, um eine neuheitsschädliche Vorwegnahme zu vermeiden.

▶ **Eigentümlichkeit des geschaffenen Musters** Die vom Musterurheber geschaffene Gestaltung muß objektiv eigenständig sein, so dass sie sich ausreichend von den allgemein vorhandenen Gestaltungen unterscheidet.

Die materiellen Schutzvoraussetzungen werden im Zuge des Eintragungsverfahrens eines Geschmacksmusters nicht geprüft, sondern lediglich die formellen Schutzvoraussetzungen.

Verwertung von Schutzrechten 7

Die Verwertung als positiver Inhalt des absoluten Rechts erstreckt sich von der Herstellung des Schutzgegenstands über seinen Weg zum Markt bis zum Endverbraucher. Über die Art und Form der Verwertung des Schutzrechts kann der Schutzrechtsinhaber frei verfügen. Neben der Verwertung im eigenen Betrieb des Schutzrechtsinhabers kommt auch eine Verwertung durch Übertragung an Dritte in Betracht. Der Rechtsübergang wird als *Lizenzierung* bezeichnet.

7.1 Arten von Lizenzen

Entsprechend dem Umfang der Übertragung auf einen Dritten durch die erteilte Lizenz unterscheidet man verschiedene Lizenzformen:

► **Ausschließliche Lizenz** Dem Lizenznehmer wird neben der Befugnis, den Schutzgegenstand ausschließlich zu benutzen, auch das *Verbietungsrecht* übertragen, so dass der Lizenznehmer berechtigt ist, Dritten die Benutzung des Schutzgegenstands zu untersagen.

► **Einfache Lizenz** Der Lizenznehmer erhält von dem Schutzrechtsinhaber lediglich das Recht, den Schutzgegenstand nach Maßgabe irgendeiner *Benutzungshandlung* (Herstellen, Anbieten, Verkaufen und Benutzen) zu verwerten.

In Abhängigkeit von weiteren Beschränkungen unterscheidet man folgende Lizenzarten:

- Die *Gebietslizenz* enthält eine Beschränkung auf ein bestimmtes Gebiet, zum Beispiel auf ein Bundesland. Der Lizenznehmer darf nur innerhalb des vom Lizenzgeber umrissenen Bereichs den Schutzgegenstand verwerten.

H. Hering, *Gewerblicher Rechtsschutz für Ingenieure*, essentials,
DOI 10.1007/978-3-658-06128-9_7, © Springer Fachmedien Wiesbaden 2014

- Die *Zeitlizenz* beschränkt den Lizenznehmer darauf, das Schutzrecht nur innerhalb eines vorgegebenen Zeitraums der Schutzdauer des Schutzrechts zu benutzen.
- Die *Betriebslizenz* oder die *persönliche Lizenz* beschränkt die Benutzung des Schutzgegenstands auf einen Betrieb bzw. ein Unternehmen oder eine bestimmte Person.
- Die *Herstellungs-, Verkaufs-, Vertriebs- und Gebrauchslizenz* begrenzt die Verwertung durch den Lizenznehmer auf eine oder mehrere Benutzungsarten.
- Die *Quotenlizenz* erlegt dem Lizenznehmer für den Umfang der Benutzungshandlungen eine Beschränkung auf.

7.2 Lizenzvertrag

Die Verfügung über das Schutzrecht bildet den Gegenstand eines Lizenzvertrages, der zwischen Schutzrechtsinhaber und Lizenznehmer geschlossen wird. Da die Verwertung eines Schutzrechts durch die Lizenzierung sehr vielschichtige Problemkreise enthält, bei denen neben dem Vertragsrecht als solchem auch kartellrechtliche Bestimmungen zu berücksichtigen sind, lassen sich weitergehende detaillierte Angaben nur in Verbindung mit einem praktischen Sachverhalt machen. Die Verwertungsmöglichkeiten und -arten sowie der Rechtsübergang sind bei den technischen und nichttechnischen Schutzrechten ähnlich.

8 Rechtsverfolgung von Schutzrechten

Wird rechtswidrig, d. h. ohne Zustimmung des Schutzrechtsinhabers, eine dem Schutzrechtsinhaber vorbehaltene Benutzungshandlung vorgenommen, so spricht man von einer *Schutzrechtsverletzung*. Rechtsstreitigkeiten über die Verletzung eines Schutzrechtes werden als *Verletzungsprozess* bezeichnet.

Zivilrechtlich kann der Schutzrechtsinhaber zur Wahrung seines Rechts eine Verletzungsklage beim zuständigen Landgericht erheben. Die Schutzfähigkeit des geltend zu machenden Rechts, die Verletzungsform des Schutzrechts, die Anspruchsgrundlagen für den Rechtsinhaber aus der Schutzrechtsverletzung und die Einwendungen des Verletzers gegenüber diesen Ansprüchen sind zu berücksichtigen.

Die *Verletzungsklage* kann auf Unterlassung und Schadensersatz oder Beseitigung und ungerechtfertigte Bereicherung als Hauptanspruchsgrundlage nach dem Bürgerlichen Gesetzbuch (BGB) gestützt werden. Vor den ausschließlich hierfür zuständigen Landgerichten besteht für die streitenden Parteien zusätzlicher Vertreterzwang durch einen dort zugelassenen Rechtsanwalt.

Gegen die erstinstanzliche Entscheidung des Landgerichts kann Berufung beim Oberlandesgericht eingelegt werden. Als dritte und letzte Instanz bei der Verletzungsklage ist das Rechtsmittel der Revision vor dem Bundesgerichtshof möglich.

In eilbedürftigen Fällen kann der Schutzrechtsinhaber zur Rechtsverfolgung eine *einstweilige Verfügung* bei dem zuständigen Landgericht beantragen, mit der dem Verletzer mit sofortiger Wirkung durch gerichtlichen Beschluss die Zuwiderhandlung untersagt wird. Innerhalb eines vorgegebenen Zeitraums ist der Schutzrechtsinhaber verpflichtet, Verletzungsklage gegen den Verletzer zu erheben, da das einstweilige Verfügungsverfahren ein zeitlich schnell ablaufendes Vorverfahren bei Patentstreitsachen ist. Da an die Beweispflicht des Antragstellers bei einer einstweiligen Verfügung hohe Anforderungen insbesondere hinsichtlich der Eilbedürftigkeit gestellt werden, wird einstweiligen Verfügungen nur selten von den Gerichten auf dem Gebiet des gewerblichen Rechtsschutzes stattgegeben. Ferner ist das Risiko

H. Hering, *Gewerblicher Rechtsschutz für Ingenieure*, essentials,
DOI 10.1007/978-3-658-06128-9_8, © Springer Fachmedien Wiesbaden 2014

bei dieser Art der Rechtsverfolgung für den Schutzrechtsinhaber sehr groß, da er dem Antragsgegner im Rahmen der Gefährdungshaftung in vollem Umfange schadensersatzpflichtig wird, wenn die einstweilige Verfügung ungerechtfertigt war.

Bei vorsätzlichem rechtswidrigem Eingriff in das Schutzrecht wird strafrechtlich ein Straftatbestand erfüllt. Nach Maßgabe des Strafgesetzbuches kann der Verletzer mit einer Haftstrafe oder Geldbuße belegt werden.

Arbeitnehmer-Erfindergesetz (ArbEG) 9

Im Arbeitnehmer-Erfindergesetz wird das Recht auf eine technische Neuerung (Patent oder Gebrauchsmuster) im Interessenwiderstreit von Arbeitgeber und Arbeitnehmer im privaten und öffentlichen Dienst, von Beamten und Soldaten geregelt. Im nachstehenden Flussdiagramm nach Abb. 9.1 werden die vom Arbeitnehmer und Arbeitgeber zu berücksichtigenden wesentlichen Gesichtspunkte verdeutlicht.

Wenn die vom Arbeitnehmer geschaffene Schöpfung den Erfordernissen der Patent- oder Gebrauchsmuster-Schutzfähigkeit entspricht, handelt es sich nach dem Arbeitnehmer-Erfindergesetz um eine *Erfindung*. Wenn diese Erfindung innerhalb eines Arbeitsverhältnisses von Arbeitnehmer und Arbeitgeber entstanden ist, handelt es sich um eine *gebundene Erfindung*, die in unmittelbarem Zusammenhang mit dem Betrieb des Arbeitgebers steht. Der Arbeitnehmer ist dann zur *schriftlichen Erfindungsmeldung* an den Arbeitgeber verpflichtet. Der Arbeitgeber seinerseits kann nach Erfindungsmeldung über die Inanspruchnahme oder Freigabe entscheiden. Gibt der Arbeitgeber die Erfindung frei, kann der Arbeitnehmer unbeschränkt über die Erfindung, deren Anmeldung und Verwertung verfügen.

Nimmt der Arbeitgeber die Erfindung in Anspruch, so muss er dies innerhalb von 4 Monaten nach der Erfindungsmeldung dem Arbeitnehmer mitteilen. Die Erfindung kann hierbei beschränkt oder unbeschränkt in Anspruch genommen werden.

Bei beschränkter Inanspruchnahme erwirbt der Arbeitgeber ein nichtausschließliches Recht zur Benutzung der Diensterfindung. Er muss dem Arbeitnehmer lediglich für die Benutzung eine angemessene Vergütung zukommen lassen.

Bei der unbeschränkten Inanspruchnahme gehen alle Rechte an der Diensterfindung unmittelbar auf den Arbeitgeber über. Der Arbeitnehmer erwirbt hierdurch einen Vergütungsanspruch gegenüber dem Arbeitgeber. Innerhalb der vorgeschriebenen Frist von 4 Monaten lässt sich in vielen Fällen die wirtschaftliche Bedeutung der Erfindung schwer abschätzen. Für den Arbeitgeber empfiehlt es sich daher, die Erfindung unbeschränkt in Anspruch zu nehmen. Andernfalls kann der

H. Hering, *Gewerblicher Rechtsschutz für Ingenieure*, essentials,
DOI 10.1007/978-3-658-06128-9_9, © Springer Fachmedien Wiesbaden 2014

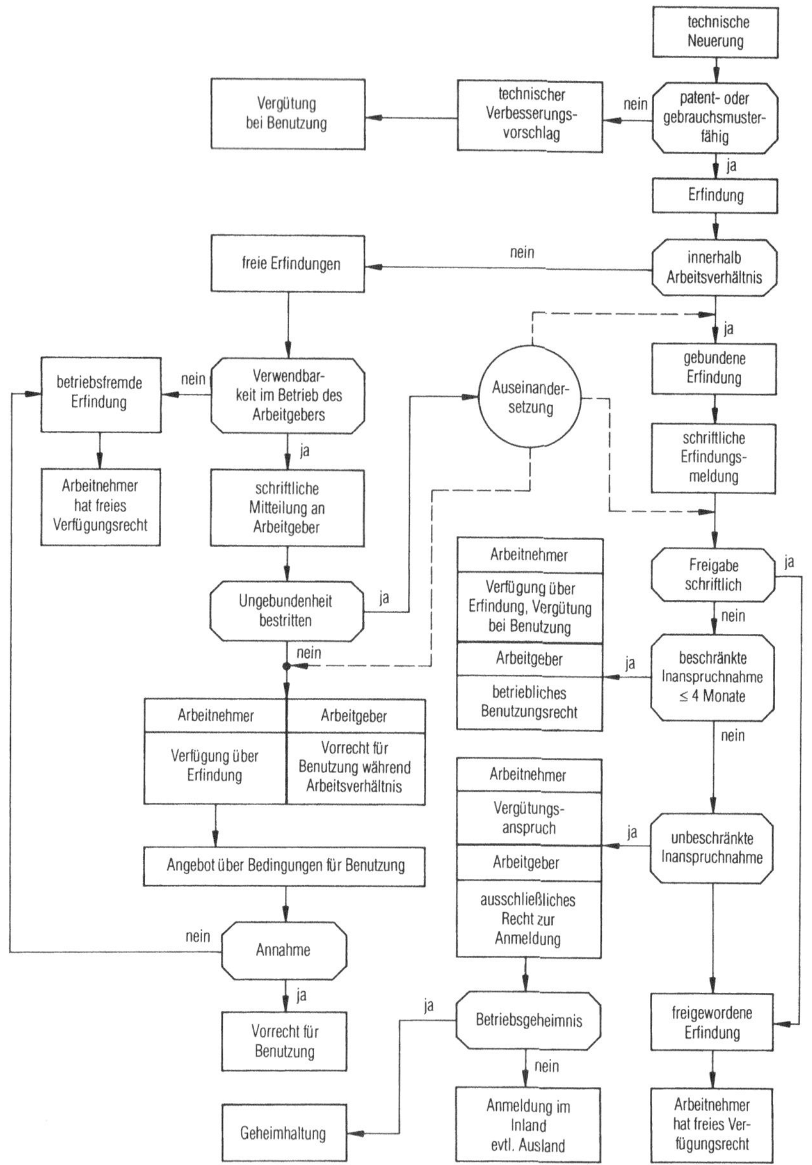

Abb. 9.1 Ablauf des Verfahrens zur Anwendung des Arbeitnehmer-Erfindungsgesetzes. (Quelle: Hering und Draeger 2000)

Arbeitnehmer frei über die Erfindung verfügen, und außerdem die Verwertung der Erfindung möglicherweise Konkurrenten gestatten. Mit der unbeschränkter Inanspruchnahme ist die Erfindung entweder im Inland *unverzüglich anzumelden* oder bei einem Betriebsgeheimnis die Erfindung *geheimzuhalten*.

Die häufigsten Streitigkeiten treten in Verbindung mit der *Angemessenheit der Vergütung* bei unbeschränkter Inanspruchnahme der Erfindung und in Verbindung mit dem Zahlungszeitpunkt der Vergütung auf. Der nach dem Arbeitnehmer-Erfindergesetz geregelte *Vergütungsanspruch* besteht zusätzlich zum Entlohnungsanspruch im Rahmen des Arbeitsvertrages und ist auch von diesem unabhängig. Bei der Entstehung des Vergütungsanspruches spielen somit weder die Höhe der Entlohung des Arbeitnehmers noch dessen Stellung im Betrieb eine Rolle. Diese Gesichtspunkte kommen erst bei der Bemessung der Vergütung zum Tragen, bei der insbesondere die wirtschaftliche Verwertbarkeit der Erfindung, die Aufgaben und die Stellung des Arbeitnehmers im Betrieb sowie der Anteil des Betriebs an dem Zustandekommen der Diensterfindung zu berücksichtigen sind. Insbesondere bei Klein- und Mittelbetrieben ist es häufig üblich, unter Abweichung von der starren Regelung nach dem Arbeitnehmer-Erfindergesetz eine pauschalere und flexiblere Lösung mit einem privatrechtlichen Vertrag anzuwenden.

Kann keine Einigung hinsichtlich der Vergütung erzielt werden, ist als eine Art Vorschaltverfahren vor einer arbeitsgerichtlichen Auseinandersetzung beim Deutschen Patent- und Markenamt eine *Schiedsstelle* eingerichtet worden. Sie kann auf Antrag von Arbeitnehmer- oder Arbeitgeberseite zur Erstellung eines Einigungsvorschlages angerufen werden. Der Einigungsvorschlag stellt einen privatrechtlichen Vertrag dar, dessen Einhaltung und Erfüllung den Vertragsparteien überlassen ist. Wird keine Einigung erzielt, so ist das *Arbeitsgericht* anzurufen.

Bei einer *betriebsungebundenen Erfindung* hat der Arbeitgeber während des Bestehens des Arbeitsverhältnisses ein Vorrecht auf die betriebliche Nutzung der Erfindung unter vom Arbeitnehmer angebotenen Bedingungen. Der Arbeitgeber muss lediglich für tatsächliche Benutzungen des Erfindungsgegenstandes bezahlen, während der Arbeitnehmer ansonsten über die Erfindung frei verfügen kann. Ein Arbeitnehmer hat erst dann eine betriebsfremde Erfindung gemacht, wenn der Arbeitgeber die Bedingungen für die Benutzung nicht annimmt oder die Verwendbarkeit im Betrieb des Arbeitgebers völlig ausgeschlossen ist. Eine derartige betriebsfremde Erfindung ist rechtlich vollständig losgelöst vom Arbeitnehmer- und Arbeitgeberverhältnis.

Supranationale Zusammenarbeit 10

Auf europäischer Ebene wurde eine solche Zusammenarbeit seit 1. Juli 1978 durch das Inkrafttreten des Europäischen Patentübereinkommens (EPÜ) geschaffen. Auf internationaler Ebene ist der weltweite Zusammenschluss nach dem Vertrag über die Internationale Zusammenarbeit auf dem Gebiet des Patentwesens (Patent-Cooperation-Treaty, PCT) in Kraft.

10.1 Europäisches Patentübereinkommen (EPÜ)

Nach dem Europäischen Patentübereinkommen arbeiten die Mitgliedstaaten im Europäischen Raum derart zusammen, dass das Erteilungsverfahren für die Mitgliedstaaten gemeinsam und zentral durchgeführt wird. Anschließend zerfällt eine solche Europäische Anmeldung in ein Bündel nationaler und selbständiger Patente. In einem Anschlussabkommen, dem *Gemeinschaftspatentübereinkommen* (GPÜ), ist beabsichtigt, das Patent nach der Erteilung als Einheit weiterzubehandeln.

Nach dem EPÜ wird das gesamte Erteilungsverfahren zentral vom *Europäischen Patentamt* durchgeführt, welches seinen Hauptsitz in München hat. Für folgende Mitgliedsstaaten des EPÜ kann hierbei ein einheitliches Patent erwirkt werden: Belgien, Bulgarien, Dänemark, Deutschland, Estland, Finnland, Frankreich, Griechenland, Irland, Island, Italien, Lettland, Liechtenstein, Litauen, Luxemburg, Monaco, Niederlande, Österreich, Polen, Portugal, Rumänien, Schweden, Schweiz, Slowakei, Slowenien, Spanien, Tschechische Republik, Türkei, Vereinigtes Königreich und Zypern.

Das Verfahren vor dem Europäischen Patentamt läuft in einer der *drei Verfahrenssprachen:* Deutsch, Englisch oder Französisch ab. Der Anmelder kann hierbei die Verfahrenssprache wählen.

Mit der Anmeldung ist zugleich der *Antrag auf Recherche* zu stellen, bei welchem die während des Prüfungsverfahrens zu berücksichtigenden druckschriftli-

H. Hering, *Gewerblicher Rechtsschutz für Ingenieure,* essentials,
DOI 10.1007/978-3-658-06128-9_10,

chen zum Stand der Technik gehörenden Dokumente ermittelt werden. Nach der Einreichung der Anmeldung beim Europäischen Patentamt erfolgt eine *Formalprüfung* und parallel hierzu wird die Recherche bei der zuständigen Recherchebehörde durchgeführt. Nach Erstellung des *Rechercheberichts* und nach *Abschluss der Formalprüfung* wird bei positivem Ausgang die Anmeldung wenn möglich zusammen mit dem Recherchebericht etwa *18 Monate nach dem Anmeldetag* oder dem Prioritätstag vom Europäischen Patentamt veröffentlicht.

Innerhalb von 6 Monaten nach der Veröffentlichung des Hinweises im Europäischen Patentblatt über die Veröffentlichung des Rerchercheberichts muss der Anmelder *Antrag auf materielle Prüfung* stellen, wenn die Anmeldung nicht als zurückgenommen gelten soll. Hieran schließt sich dann die materielle Prüfung unter ausschließlicher Beteiligung des Anmelders an und endet mit der Erteilung oder der Zurückweisung. Bei der Erteilung wird eine Patentschrift veröffentlicht, welche die Patentansprüche in allen drei Verfahrenssprachen Deutsch, Englisch und Französisch umfasst.

Innerhalb einer Frist von 9 Monaten nach Veröffentlichung der Erteilung kann die Öffentlichkeit an dem Prüfungsverfahren durch *Einlegung eines Einspruchs* teilnehmen. Innerhalb dieser Frist kann jeder Dritte Einspruch gegen das erteilte Patent einlegen. Das der Erteilung nachgeschaltete Einspruchsverfahren endet mit der Aufrechterhaltung des erteilten Patents oder der Aufrechterhaltung in beschränktem Umfang oder dem vollständigen Widerruf des erteilten Patents.

Nach der Veröffentlichung der Erteilung, d. h. unabhängig davon, ob ein Einspruch gegen das erteilte Patent eingelegt worden ist oder nicht, zerfällt das erteilte Europäische Patent in jeweils *selbständige, nationale Patente*, und es sind die jeweils national geltenden gesonderten Bestimmungen einzuhalten. Für diese Weiterverfolgung sind die nationalen Bestimmungen zu erfüllen. Wird das Patent in geändertem Umfang im Rahmen des Einspruchsverfahrens aufrechterhalten, so sind entsprechenden nationalen Bestimmungen einzuhalten.

Für die so bestehenden nationalen Patente gelten jeweils die gesonderten nationalen Vorschriften über die Aufrechterhaltung, das Erlöschen, die Beschränkung und die Nichtigkeit. Auch die Rechtsverfolgung und der Schutzumfang des Schutzrechts richten sich nach nationalem Gesetz und führen zu unterschiedlichen Auslegungen und Ergebnissen.

Die reinen Verfahrensgebühren für das Europäische Patent belaufen sich auf das Mehrfache einer jeweils nationalen Anmeldung. Dieser Weg ist dann zu empfehlen, wenn das Unternehmen in mehreren Staaten in Europa direkt oder indirekt tätig ist. Allerdings besteht das Risiko, dass bei einer rechtswirksamen Versagung oder einem rechtswirksamen Widerruf des Europäischen Patents anschließend keine nationalen Patente mehr erworben werden können. Aus Gründen der Werbung kann es von Vorteil sein, wenigstens formal ein nationales, auch ungeprüftes Schutzrecht zu besitzen.

Die materielle Prüfung beim Europäischen Patentamt unter Berücksichtigung der Neuheit und der erfinderischen Tätigkeit stellt im Wesentlichen ähnliche Anforderungen wie das deutsche Patentgesetz. Den Patentansprüchen und deren Formulierung wird hierbei die Hauptbedeutung zugemessen, während die Beschreibung eine untergeordnetere Bedeutung als beim deutschen Patenterteilungsverfahren hat. Aufgrund der Kompliziertheit des Europäischen Erteilungsverfahrens empfiehlt es sich für die Anmelderschaft, mit der Wahrnehmung ihrer Interessen einen vor dem Europäischen Patentamt zugelassenen, berufsmäßigen Vertreter zu betrauen.

10.2 Patent-Zusammenarbeitsvertrag (PCT: Patent-Cooperation-Treaty)

Der PCT-Vertrag hat weltweite Bedeutung. Die wichtigsten Industrienationen in Europa und Übersee, wie USA, Japan und viele weitere sind diesem Vertrag beigetreten.

Die Anmeldeunterlagen sind beim *zuständigen Anmeldeamt* zu hinterlegen, das sich nach der Staatsangehörigkeit des Anmelders bzw. nach dessen Sitz bestimmt. Alternativ haben die Anmelder aus den Mitgliedsstaaten des Europäischen Patentübereinkommens die Möglichkeit, als Anmeldeamt das Europäische Patentamt zu wählen.

Die Anmeldeunterlagen werden dann vom zuständigen Anmeldeamt dem *Internationalen Büro in Genf* (WIPO: World Industrial Property Organization) zur Weiterbearbeitung übermittelt. Das Internationale Büro beauftragt die zuständige internationale Recherchebehörde, einen *Recherchebericht* zu erstellen und veröffentlicht anschließend die Anmeldung zusammen mit dem Recherchebericht. Die bei der Anmeldung benannten Staaten, für die Schutz begehrt wird, werden vom Internationalen Büro entsprechend benachrichtigt. Etwa 30 Monate nach dem Anmeldetag oder dem Prioritätstag muss der Anmelder die Internationale Anmeldung gegebenenfalls mit Übersetzungen, den nationalen Behörden oder, wenn der europäische Raum gemäß EPÜ benannt ist, dem *Europäischen Patentamt* übermitteln.

Entweder nach der Erstellung und der Veröffentlichung des Rechercheberichts oder nach der Erstellung des Internationalen Prüfungsberichtes ist die internationale Phase nach dem PCT-Verfahren abgeschlossen und die Anmeldung wird dann nach den nationalen Bestimmungen oder gegebenenfalls den Bestimmungen des Europäischen Patentübereinkommens weiterbehandelt.

Zusammenfassend erstreckt sich der beim PCT-Verfahren erreichte Zentralisierungsgrad im Wesentlichen nur auf eine einheitliche internationale Recherche, welche mit hohen Amtsgebühren verbunden ist.

Im Wesentlichen spart sich der Anmelder bei einer PCT-Anmeldung lediglich innerhalb eines Zeitraums von etwa 30 Monaten ab Anmeldetag oder Prioritätstag die Übersetzungskosten und die Vertreterkosten für die Anmeldung in den genannten Staaten und es steht ihm somit ein größerer Zeitraum zur Verfügung, bis er sich über das Vorgehen zur Erlangung seiner Schutzrechte im Ausland entscheiden muss. Die hierbei aufzuwendenden Verfahrensgebühren rechtfertigen diesen Weg erfahrungsgemäß nur bei sehr bedeutenden Erfindungen oder dann, wenn der Anmelder sich sehr kurzfristig vor Fristablauf (12 Monate nach Ersthinterlegung) zur Erlangung von Auslandsschutzrechten entscheidet.

Ferner gibt es weltweit Bestrebungen, ähnlich dem europäischen Erteilungsverfahren auch ein international vereinheitlichtes Erteilungsverfahren zu schaffen, welche aber bisher noch zu keinen konkreten Ergebnissen geführt haben. Weder über ein Verhandlungsergebnis noch über ein mögliches Inkrafttreten eines derartigen Vertrages lassen sich derzeit irgendwelche Voraussagen machen.

Was Sie aus diesem Essential mitnehmen können

- Verfahren zur Erteilung von Patenten, Gebrauchs- und Geschmacksmuster.
- Verfahren zur Eintragung einer Marke.
- Verwertung von Schutzrechten über Lizenzen.
- Rechtsverfolgung von Schutzrechten.
- Arbeitsnehmer-Erfinder-Gesetz.
- Europäisches Patentübereinkommen.
- Weltweite Patent-Zusammenarbeit.

H. Hering, *Gewerblicher Rechtsschutz für Ingenieure,* essentials,
DOI 10.1007/978-3-658-06128-9, © Springer Fachmedien Wiesbaden 2014

Literatur

Ahrens, C.: Gewerblicher Rechtsschutz. Mohr Siebeck Verlag, Tübingen (2008)

Buddeberg, M., Bullinger, W., Diekmann, R., Gaul, A.: Beck'sche Formularsammlung zum gewerblichen Rechtschutz mit Urheberrecht: Patent- und Arbeitnehmererfindungsggesetz. Beck, München (2009)

Eckardt, B., Klett, D.: Wettbewerbsrecht, Gewerblicher Rechtsschutz und Urheberrecht: Vorschriftensammlung (Textbuch Deutsches Recht). Müller-Verlag, Heidelberg (2013)

Erdmann, W., Rojahn. S.: Handbuch des Fachanwalts Gewerblicher Rechtsschutz. Carl Heymanns Verlag, Köln (2010)

Götting, H.-P.: Gewerblicher Rechtsschutz und Urheberrecht. Beck, München (2008)

Götting, H.-P., Hubmann, H.: Gewerblicher Rechtsschutz: Patent-, Gebrauchsmuster-, Design- und Markenrecht. Beck, München (2014)

Götting, H.-P., Meyer, J., Vormbrock, U.: Gewerblicher Rechtsschutz und Wettbewerbsrecht: Praxishandbuch. Nomos-Verlag, Baden-Baden (2011)

Hering, E., Draeger, W.: Handbuch Betriebswirtschaft für Ingenieure, 3. Aufl. Springer, Berlin (2000)

H. Hering, *Gewerblicher Rechtsschutz für Ingenieure*, essentials,
DOI 10.1007/978-3-658-06128-9,